U0177188

见识城邦

更新知识地图　拓展认知边界

企鹅科普（第一辑）

引 力

[英]吉姆·艾尔-哈利利 著 [英]杰夫·康明斯 绘 张鑫 译

中信出版集团 | 北京

图书在版编目（CIP）数据

引力 / (英) 吉姆·艾尔-哈利利著 ; (英) 杰夫·康明斯绘 ; 张鑫译. -- 北京 : 中信出版社, 2021.3
（企鹅科普. 第一辑）
书名原文. Ladybird Expert: Gravity
ISBN 978-7-5217-2429-5

Ⅰ. ①引… Ⅱ. ①吉… ②杰… ③张… Ⅲ. ①引力–青少年读物 Ⅳ. ①O314-49

中国版本图书馆CIP数据核字(2020)第217413号

Gravity by Jim Al-Khalili with illustrations by Jeff Cummins
First published in Great Britain in the English language by Penguin Books Ltd.
Published under licence from Penguin Books Ltd. Penguin (in English and Chinese) and the Penguin logo are trademarks of Penguin Books Ltd.
Simplified Chinese translation copyright © 2021 by CITIC Press Corporation
ALL RIGHTS RESERVED

本书仅限中国大陆地区发行销售
封底凡无企鹅防伪标识者均属未经授权之非法版本

引力

著　　者: [英] 吉姆 · 艾尔-哈利利
绘　　者: [英] 杰夫 · 康明斯
译　　者: 张鑫
出版发行: 中信出版集团股份有限公司
（北京市朝阳区惠新东街甲 4 号富盛大厦 2 座　邮编　100029）
承 印 者: 北京尚唐印刷包装有限公司

开　　本: 880mm × 1230mm　1/32　　印　　张: 1.75　　字　　数: 14 千字
版　　次: 2021 年 3 月第 1 版　　印　　次: 2021 年 3 月第 1 次印刷
京权图字: 01-2020-0071
书　　号: ISBN 978-7-5217-2429-5
定　　价: 188.00 元（全 12 册）

版权所有 · 侵权必究
如有印刷、装订问题，本公司负责调换。
服务热线: 400-600-8099
投稿邮箱: author@citicpub.com

有升必有降

我们对于引力的感受——至少就对地球的引力，或者叫重力而言——就像对呼吸一样熟悉，甚至在会说话之前就要先学会适应它。每个幼儿首先要学会坐，然后学会爬，最后才能直立行走。在这个过程中，他们的肌肉力量会不断增强，从而有能力去对抗作用在自己身上的重力。重力对我们的影响不仅在身体上，仔细一想就会发现，因为地球重力存在特定的方向，我们才会产生“上升”和“下降”这类基本概念。由此说来，以重力为代表的自然界基本力当中的引力成为从古至今几千年来学者们的首要研究目标也就不足为奇了。本书所要讲的是人类对于引力的认识以及引力所遵循的宇宙法则，旨在让读者了解人类在这两方面所取得的成就。

我们首先要知道，引力可不单单是一句“有升必有降”那么简单。因为人类被“拴”在了地球的表面，所以感受到的只是一股将自己拉向地面的力。但是引力其实并不是一种“力”，总的来说，它比力更加复杂深奥。实际上，引力既塑造了空间的形状，也控制着时间的流逝，不但创造了整个宇宙的历史，还掌握着其将来的命运，其作用不可小觑。

亚里士多德物理学

毫无疑问，亚里士多德是古代西方最伟大的思想家，他对自然界的每个领域都有所研究。他认为物体之所以会下坠是因为万事万物都有一种朝着“本源”移动的“倾向”。当时有一种名为“四元素说”的观点，认为宇宙中的一切事物由土、水、气、火四种元素构成，其中土和水的本源深入地心；而气比这两种元素轻，因此本源在土、水之上；火则是四种元素中最轻的，其本源又在气之上。当然，这些观点用现代的标准来看显然一点也不科学。

中世纪的伊斯兰学者对亚里士多德的论述做了改进。公元9世纪，巴格达的穆罕默德·伊本·穆萨（Muhammad ibn Musa）首先指出，月球、行星等天体与地球上的物体遵循着相同的物理定律——这一观点显然与当时传统的看法截然不同。在其著作《星体运动与引力》（*Astral Motion and the Force of Attraction*）中可以清楚地看到当时的穆萨已经从本质上对引力有了一个大概的认识，他的理论很接近后来牛顿的万有引力定律，然而却比牛顿早提出了800多年。

但是亚里士多德的影响力实在太大，所以直到16世纪哥白尼和伽利略等人在欧洲掀起科学革命，亚里士多德的理论才最终被否定。

伽利略与重力加速度

早在古希腊时期人们就已经知道物体会加速下落，而相应的数学公式则由伽利略推算得出。伽利略曾经做过一个著名的实验，实验的内容是将球从斜面滚下并仔细记录其所用的时间。最终，他得出的结论是物体下落的距离与其所用时间的平方成正比。举例来说，如果一个球从斜面滚下，第 1 秒走了 1 米，那么 2 秒后便走了 4 米，3 秒后走了 9 米，依此类推。此外伽利略还发现，无论物体由何构成，这种增加的速度（加速度）都相同，因此在不考虑摩擦力和空气阻力等因素的前提下，所有物体的下落速度都相同。

他巧妙地证明了自己的结论。想想看，假如把一个重的物体（比如一块铁）和一个轻的物体（比如一片塑料）绑在一起，如果铁下落更快，那么铁应该拉着塑料片一同下落且二者的速度相同，此时和铁绑在一起的塑料片的下落速度就会比没绑铁的塑料片下落的速度更快。同理，这两个绑在一起的物体比单个的铁块重，如果按照更重的物体下落更快的假设，那么这对组合应该比单个铁块下落得更快。但这显然是自相矛盾的：铁块加上比自身下落更慢的物体怎么会下落得更快呢？所以可以倒推得出，“重的物体下落更快”这一假设有问题，唯一合理的解释是所有物体的下落速度都相同。

当然，如果忽略摩擦力和空气阻力的话，伽利略的结论完全正确。但在地球上，羽毛要比石头下落得更慢。1971 年，阿波罗计划的宇航员戴维·斯科特（David Scott）在月球上做了一个著名的实验并以此来验证伽利略的结论。他一只手拿羽毛一只手拿锤子，然后在相同的高度同时松开双手。由于月球没有大气层，因此也就没有空气阻力，所以羽毛和锤子同时落地。毫无疑问，伽利略的结论是正确的。

万有引力

牛顿曾与朋友谈起，自己曾在母亲的农场里仔细思考过苹果从树上落下的原因，并以此为契机得出了著名的万有引力定律。由此，牛顿便将落到地面的物体和绕地公转的月球联系到了一起。将这两种现象归因于同一种力的作用确实是一项天才之举。人们在此之前普遍认为，物体在地球上的运动（苹果下落）和天体在宇宙中的运行（月球绕地球运动）遵循着完全不同的自然规律。

牛顿的万有引力定律指出，任何两个物体都会被一股无形的力量吸引到一起。地球和苹果都被某种力量拉向彼此，但地球向苹果移动的距离实在太短了，短到根本无法测量，所以我们看到的是苹果掉落在了地上。

你可能会疑惑，既然地球的引力能让苹果落地，那为什么没有把月球拉过来？事实上，月球在不断向着地球“下坠”，但是它的曲线运动轨迹却形成了一条近乎圆形的绕地轨道，因此这两个天体之间总是保持着一定的距离。这就是月球在不断绕着地球做“自由落体”运动但是却没发生“亲密接触”的原因。

请注意，牛顿的万有引力定律之所以被称为“定律”，是因为科学家们深信这是科学定论，所以提高了它的地位，让它不再仅仅是一个科学“理论”。现在我们知道，其实是那些科学家错了。

右图 炮弹射出的速度越快，在落地之前飞行的距离越远。如果一门大炮位于海拔 150 千米的高处，以 8 千米 / 秒的速度水平发射一枚炮弹（并不现实），且炮弹在飞行过程中不会受到空气阻力的影响，那么它会一直飞行在自己的轨道上。更确切地说，这枚炮弹会一直向地球下坠，但地球球面的弯曲程度与其运动的轨迹相同，因此它永远也不会落到地面上。

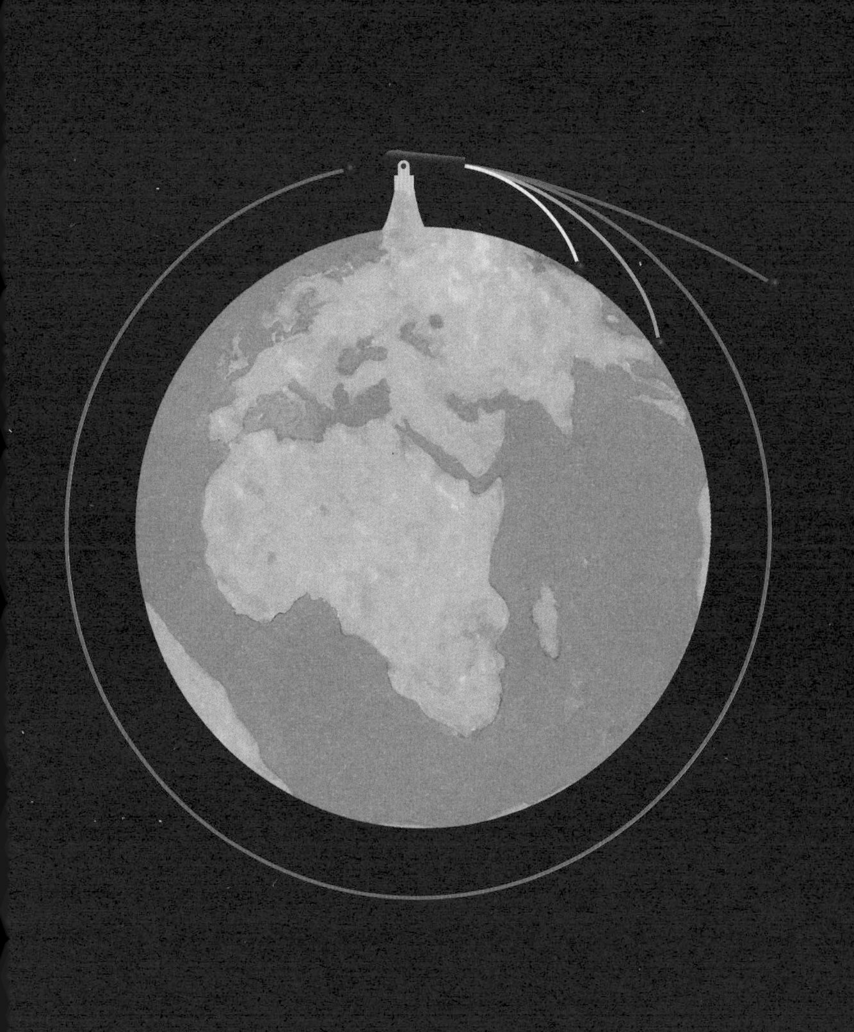

平方反比定律

某些科学公式十分重要，在本书中用整页的篇幅对其进行介绍也不嫌多，而牛顿的万有引力公式就是其中之一。这个公式就写在右页，下面我们就来快速了解一下。

万有引力公式等号左边的 F 代表引力，表示任意两个物体之间“拉力”的总和；等号右边的一组字母代表了不同的量，它们共同决定了这一引力的强度。

两个物体相互吸引，其质量的乘积表示为 $m_1 \times m_2$。因此两个物体的质量越大，引力的值就越大（换句话说，两物体之间相互的吸引力就越大）。

r^2 表示两物体之间距离的平方，由于其处于分母位置，它们相距越远，该值越大，两物彼此之间的引力也随之减弱。万有引力公式也因此满足平方反比定律。

最后，字母 G 被称作“引力常数”。牛顿确信这个常数的存在，但却不知道它的值是多少。事实上，直到 18 世纪末，亨利·卡文迪许（Henry Cavendish）才在一个著名的实验中利用悬挂在扭丝上的铅球测算出了引力常数。如今，每一个物理专业的学生都要查阅这个常数并将其代入自己的计算中。

如果没有引力常数，小到浴室的磅秤，大到阿波罗登月任务，许多现代发明和技术都不可能问世。

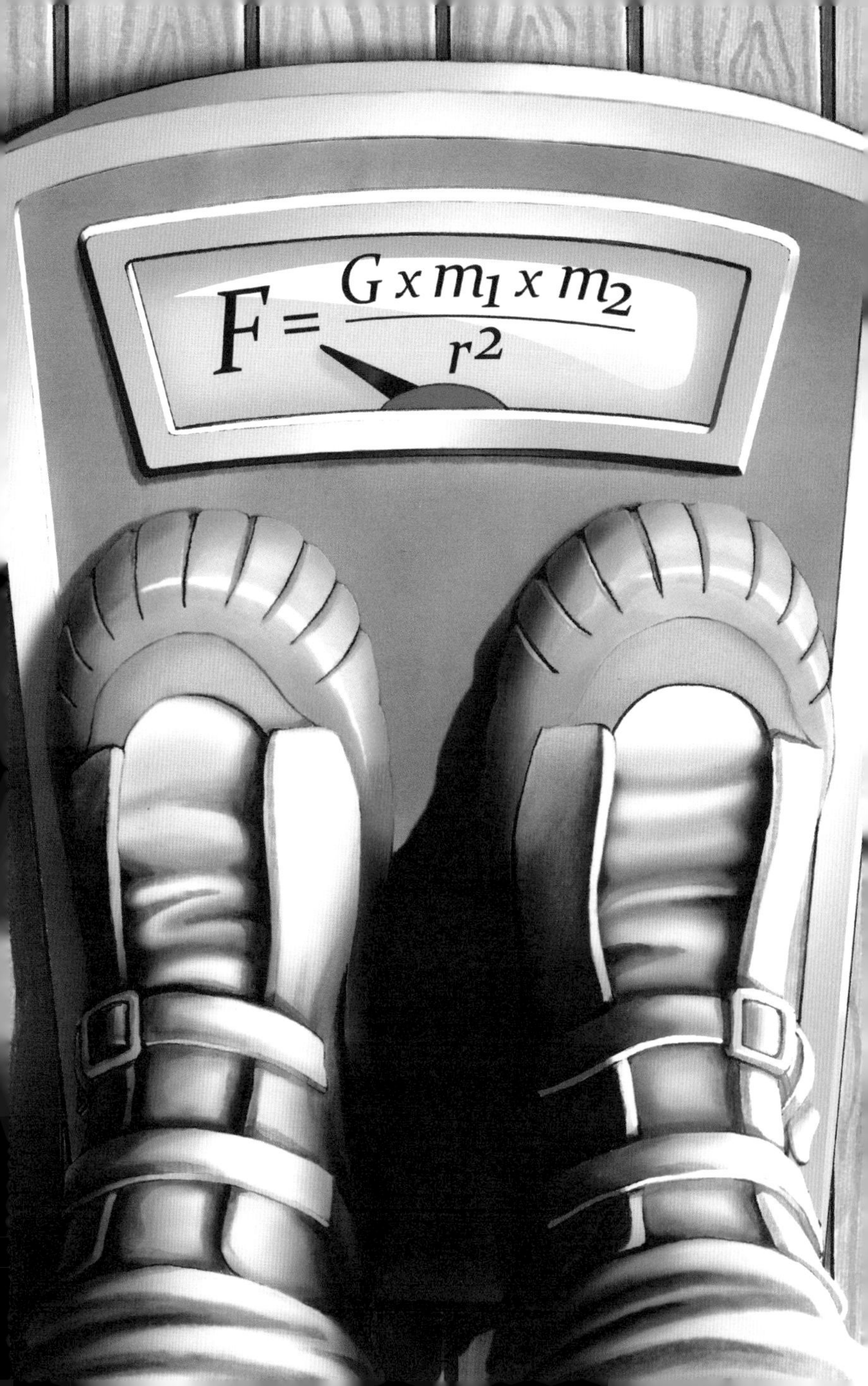
$F = \frac{G x m_1 x m_2}{r^2}$

爱因斯坦——全新的开始

随着科学的发展，在现在的物理学研究中，爱因斯坦的引力概念已经取代了牛顿的引力概念的主导地位，核心原因是爱因斯坦对时空做了全新论述。1905 年，爱因斯坦的狭义相对论问世，其中包含了两个基本原理：

1. 我们无法通过任何实验证明自己是静止的还是匀速运动的，因为一切物体的运动都是相对的；

2. 对于所有的观察者而言，不管他们自己的相对运动速度有多快，光的传播速度不变。

想象一下，假设你以 30 万千米 / 秒（光速）的速度将一连串光脉冲射向太空，同时你的一个朋友坐上火箭（火箭的速度为光速的 99%）与光脉冲并行飞向太空。这时你在地球上会看到那串光脉冲只是略微超过了速度稍慢的火箭。但因为光的传播速度不变，所以在你的朋友眼中，光脉冲超过火箭时的速度还是 30 万千米 / 秒。这听起来不可思议，但唯一合理的解释是你朋友在高速火箭里体验的“1 秒”比你在地球上体验的“1 秒”要长，或者换句话说，你朋友的时间变慢了。更进一步，狭义相对论告诉我们，处于快速运动中的观察者无法将空间和时间割裂开来，而是必须将其看作一个整体。也就是说观察者必须在三维空间 + 时间的四维时空内观察世界，而时间间隔和空间距离在四维时空内会因观察者的不同而发生变化。因此出现了一个问题：两个人做相对运动时，他们不会就两个事件的时间间隔或空间距离达成一致。为了解决这个问题，我们只有将时间和空间二者统一为“时空间隔”，才能让两个相对运动的人始终保持一致。

0
$\frac{1}{4}$C
$\frac{1}{2}$C
$\frac{3}{4}$C
C

等效原理

尽管爱因斯坦的狭义相对论取得了成功，但其只适用于匀速（没有加速）运动的物体。几年后，他有了一生中最巧妙的想法：引力和加速度之间存在某种简单而深刻的联系，这种联系甚至超出了伽利略和牛顿的思考范畴。于是他将其命名为“等效原理”（principle of equivalence），这将是他完成最伟大的广义相对论所需要的关键。

爱因斯坦意识到，人们在加速过程中感受到的力与重力是相互等效的。确实如此，重力加速度就是重力对自由下落的物体产生的加速度，一个 G 指物体受地球引力下落时的加速度（速度每秒增加 9.8 米 / 秒）。假设有两种情况：1. 一枚火箭以一个 G 的加速度在太空中前进，此时的你被固定在这枚火箭的座位上；2. 这枚火箭静止矗立在地球的发射台上，你仰面朝上坐着，而地球的引力将你向下拉。实际上，这两种情况带给你的感受应该是相同的。

当一个物体受地球引力的影响做自由落体运动时，其加速度等于重力加速度，因此将会感觉不到作用在它身上的力。美国国家航空航天局一架名为“呕吐彗星号”的飞机（确切地说，这是架“失重飞机”）会呈抛物线飞行，机中乘客在飞行过程中会短时间地做自由落体运动，从而体验到太空中的失重感。恰如其名，“呕吐彗星号”“上蹿下跳”的飞行方式虽然会让乘客呕吐，但却可以清楚地展现出加速度和引力之间的等效性。

右图 2007 年 4 月，斯蒂芬 · 霍金的“呕吐”之旅。（1 英尺约合 0.3 米。——译者注）

Stephen Hawking
34 000
32 000
30 000
28 000
26 000
24 000
高度（英尺）
45°爬升
45°下降
1.8G
0G
1.8G
0
20
45
65
时间（秒）

作为时空形状的引力

牛顿把引力定义为每个物体对其周围环境所施加的力——这种力就像无形的“橡皮筋”一样把物体拉到一起。爱因斯坦对引力的解释则更为深刻。他认为引力就是空间本身的形状。任意质量的物体都会让其周围的空间扭曲变形，从而改变该空间中其他物体的运动方式。假如空间中没有该物体且平坦，那么其他物体的运动方式将截然不同。

更确切地说，爱因斯坦的狭义相对论指出空间和时间必须统一成四维时空，而质量会扭曲其周围的时空。这种说法十分抽象，方便起见，我们不妨把四维时空看成经过压缩的二维薄片，这样更容易想象出它的拉伸和弯曲。

想象一下，如果在空的蹦床上滚动一个小球，那么小球会沿直线运动。但如果有人站在蹦床的中央，那么该处会发生下陷，这时再次滚动小球，你会发现它的运动路径发生了偏移，由原来的直线变成了环绕凹陷处的曲线。如果俯瞰蹦床来观察小球的运动，那么站于其上的那个人好像对小球施加着神秘的吸引力，从而把小球吸了过去。

牛顿对引力的描述就相当于俯瞰小球在蹦床上做曲线运动，而爱因斯坦则是从蹦床（相当于时空）本身的形状出发解释了质量可以使时空弯曲，进而改变物体的运动方式。

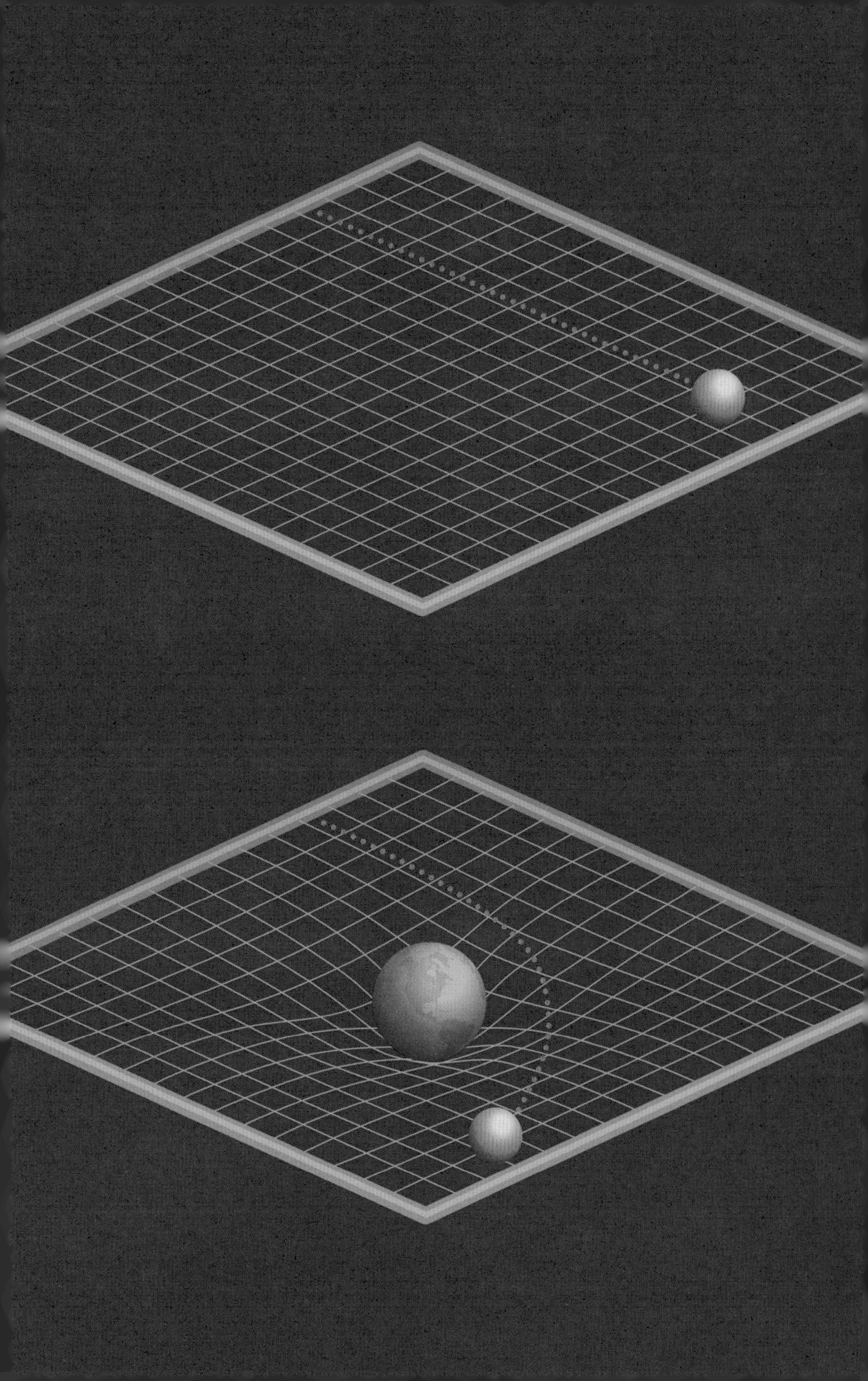

宇宙学

1915 年，爱因斯坦最新的引力理论完成，该理论在当今被称为广义相对论——不同于他在 10 年前发表的狭义相对论。狭义相对论描述的是“特例”，即物体如何在引力或加速度“缺席”的情况下运动。而广义相对论蕴含在爱因斯坦极富数学之美的场方程（field equations）中，该方程揭示了能量、物质、空间、时间的深层联系，研究起来要比 230 年前牛顿的方程复杂得多。

广义相对论发表后不久，爱因斯坦和其他人不但将其运用到了太阳、行星等独立天体的研究中，而且还借助它探索了整个宇宙，从而拓展了牛顿的伟大研究，现代宇宙学——一门研究宇宙的大小、形状、起源、演变、未来的学科——也就此诞生。

广义相对论主要预测了宇宙的膨胀，天文学家埃德温·哈勃于 1929 年证实了这一预测，他在宇宙尺度上观察到星系正在彼此远离，其原因并不是星系本身在太空中的运动，而是它们彼此之间的空间正在被拉伸，所以相距越来越远。

接下来讨论的大多数观点、研究、成果都源于爱因斯坦的广义相对论——一个关于引力、空间、时间的理论。尽管在过去的一个世纪里广义相对论取得了许多成就，但我们也会看到仍有许多的难题在等着人们去解决。

$$R_{\mu\nu}-\frac{1}{2}Rg_{\mu\nu}=\frac{8\pi G}{c^4}T_{\mu\nu}$$

宇宙会膨胀成什么样？

在继续讨论后面的内容之前，仍有某些比较棘手的宇宙学难题值得我们仔细思考一下。举例来说，如果宇宙正在膨胀，那么它会膨胀成什么样？

当科学家告诉我们宇宙可能无限大时，上面这个问题让人更加困惑。某样东西已经无限大了，怎么还会变得更大？毫无疑问，宇宙已经包含了整个时空，所以它不会膨胀到“自身以外”的空间中去，没有更多的空间可以让其继续扩张。抬头仰望 100 亿光年外的某个星系，我们看到的是它 100 亿年前的样子，因为从那里发出的光需要 100 亿年的时间才能来到地球。可视宇宙（visible universe）边缘之外的区域正在飞速地膨胀并远离我们，因此那里的光尚未到达并且永远也不会到达地球。但可视宇宙并不是整个宇宙。宇宙是无边无际的，就像地球的表面一样没有任何边界。

还有一组问题让人感到困惑：所有的遥远星系究竟如何能够在各个方向上一同远离地球？地球正好位于宇宙中心吗？显然事实并非如此。让我们把地球想象成气球表面的某个点。你在向气球吹气时，气球会膨胀拉伸。此时，地球那一点周围的其他所有点都一齐远离它。不管在气球表面的什么位置，我们都会看到同样的情况发生。

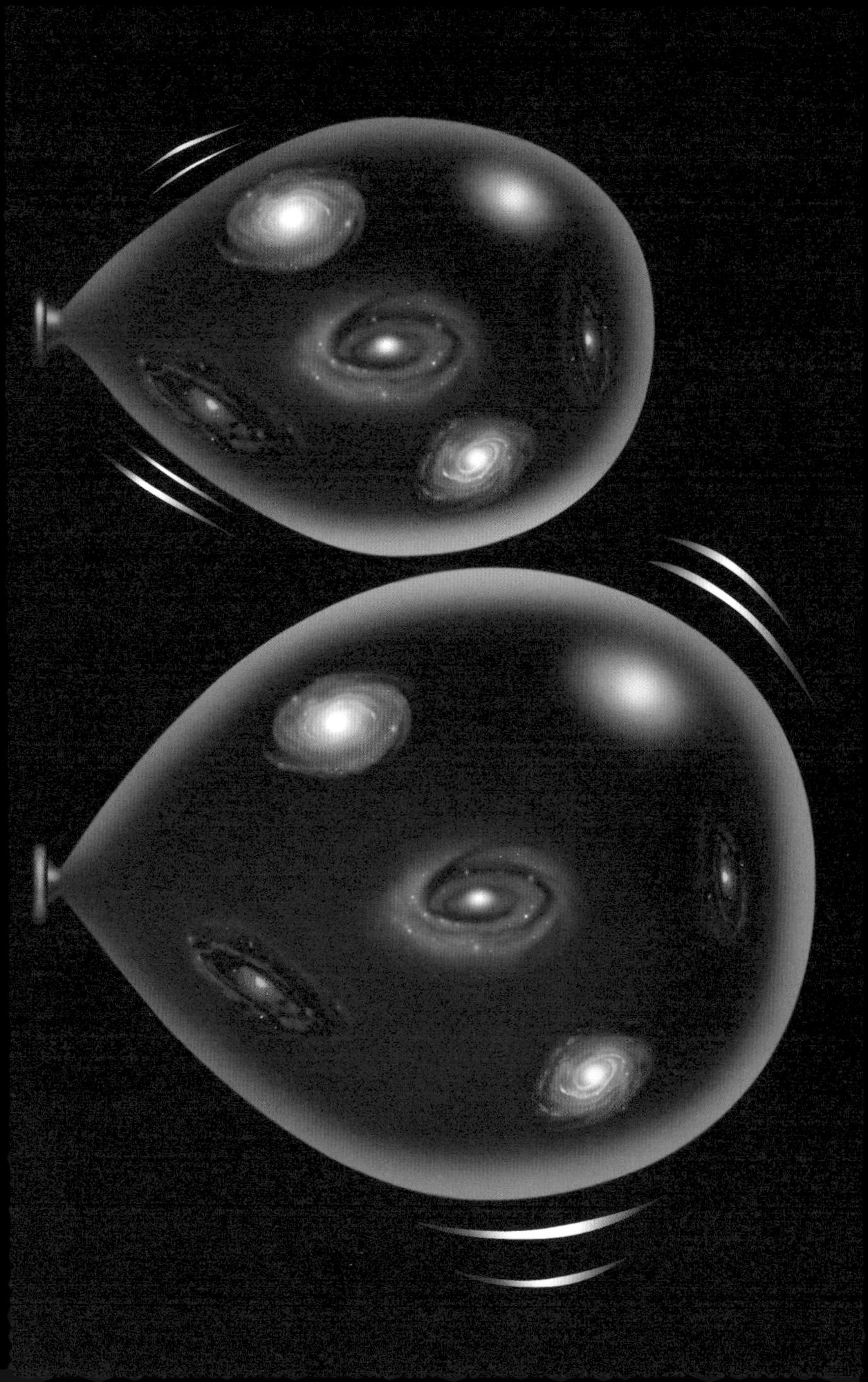

大爆炸

宇宙中所有物质累积的引力（简单起见，这里借用牛顿的旧观点）应该会减缓宇宙自身的膨胀速度，那么究竟是什么首先引起了宇宙的膨胀？其实，人们把最先“踢爆宇宙的那一脚”称为大爆炸（Big Bang）。这一事件标志着时空以及时空中一切的诞生。

宇宙的膨胀是大爆炸理论最有力的证据。如果可以让时间倒流，我们将会目睹宇宙的坍缩。如果我们退回到极其遥远的过去，那么在这一过程中就会看到所有的物质都聚集到一起，相互挤压，体积越来越小，直到停在138亿年前，也就是我们穿越之旅的终点——宇宙诞生的那一刻。

此外，还有两项重要的宇宙观测支撑了大爆炸理论。第一项观测准确预测了粒子是如何聚集并产生原子的，以及最轻的化学元素是如何形成的；第二项观测证实了宇宙的温度在过去的138亿年里不断下降，而现今宇宙的温度完全符合大爆炸理论的预测。大爆炸过后的“余热”被称为“背景辐射”或“宇宙微波背景”，它携带了宇宙早期的信息，为大爆炸理论提供了重要的证据。

不管怎样，我们指着宇宙中的某个位置说“大爆炸就发生在这儿”是毫无意义的。从某种程度上来说，大爆炸无处不在，现在宇宙中的所有位置都曾经是同一个点。

究竟是什么“引起”了大爆炸则完全是另外一个问题，也是宇宙学家仍在努力攻克的难题。

大爆炸！
《胡说八道》
弗雷德·霍伊尔

黑洞

1917年，卡尔·史瓦西最先运用数学方法研究了大质量天体周围的引力场特性，但是直到20世纪60年代中期，“黑洞”一词才被创造出来用以形容这样的天体。

史瓦西曾说过，巨大的天体会在自身的重力作用下不断坍缩至一个临界尺寸，一旦超过这个尺寸的边界，什么都无法阻止该天体进一步坍缩。如今，这一边界被称为“事件视界”（event horizon）——标志着天体走向“不归路”的球形边界。在视界外部，黑洞的引力虽强但作用有限，因此物体有可能挣脱其引力的束缚。但在视界内部，没有任何东西可以逃脱，就连光也不行。

一颗巨大的恒星经过超新星爆发后，其内核会在自身的重力作用下坍缩形成中子星。中子星的密度极大，一茶匙的质量约为50亿吨。如果该中子星的内核经过自身的事件视界后继续收缩，那么它将形成黑洞，它的全部质量会坍缩成一个奇点。

一颗质量是太阳的10倍的恒星，坍缩形成黑洞后，其事件视界直径为30千米（从视界外部看）。但是如果把地球挤压成一个黑洞，那么它的事件视界将只有豌豆大小。

跌入事件视界

假如你与事件视界保持安全距离并目睹了一个不幸的宇航员坠入黑洞，那么他看上去好像在减速，直到静止在视界外部。产生这一现象的原因是引力场中的时间本身会变慢，但是他的影像会很快消失，这并不是因为你“看到”他跌入了事件视界，而是因为进入你眼睛中的光波波长已经超出了可见光的范围。

而那个宇航员自身的情况则有所不同。他此刻正朝着黑洞不断下落，并且下落的速度始终在增加。他在穿过事件视界的那一刻不会有丝毫察觉，并且他的周围不会突然变得一片漆黑，因为光仍可以从视界外涌入黑洞中。这时，他依然能够看到事件视界外部的景象，而外面的人却看不到其内部的样子。很快这位宇航员所看到的光将汇聚成一个不断缩小的亮块，就如同黑暗隧道中的入口亮光一样越来越远。

黑洞内部的时空严重扭曲，使得原本沿着空间方向从事件视界到奇点的事物变成了沿着时间的方向。这种时空互换的观点解释了为什么任何物体一旦落入黑洞就只能朝着奇点移动——就好像在黑洞外的我们也同样别无选择，只能沿着时间的方向朝未来前进。

然而那位可怜的宇航员根本就无法“欣赏黑洞中的景色”，因为他的身体会被引力场拉得像意大利面一样，这种现象在专业上被称作“面条化”（spaghettification）。

黑洞真的存在吗？

无须思考，答案是肯定的，甚至还有不同类型的黑洞。

大质量恒星坍缩后会形成恒星黑洞（stellar black hole）。这些黑洞虽然不可见，但会影响其周围的可见物质，因此可以被间接地探测到。大多数恒星都成对出现，绕彼此运行，这又被称为双星系统（binary system）。如果其中一颗恒星坍缩形成黑洞，那么它的引力作用将保持不变，于是我们就会看到另一颗恒星依然在绕着其“隐形伙伴”运行。黑洞还会吸引另一颗恒星上的气体，于是这些气体就会盘旋进入黑洞的事件视界并在此过程中升温，形成“吸积盘”（accretion disc）。升温后的超热气体在进入视界之前会爆发出极强的 X 射线。人们发现的第一个黑洞是由双星系统天鹅座 X-1（Cygnus X-1）的一颗恒星演化而来的，距地球约 6000 光年。

我们目前可以确定，特大质量黑洞就位于大型星系的中心，而地球所在的银河系也不例外，其中心的特大质量黑洞为人马座 A*，质量约是太阳的 400 万倍。科学家认为，形成如此巨大的黑洞需要在高密度的星系中心积聚大量致密的恒星气体。除此之外，如果有任何恒星靠得太近，那么这些黑洞便会将其捕获并吞噬。

还有一种理论认为，可能存在大爆炸产生的迷你黑洞。这种黑洞比一个原子还小，但质量却相当于一座大山。如果迷你黑洞确实存在过，那么到现在它们应该早已在巨大的高能辐射爆炸中消失——完全蒸发了。而天文学家目前正设法去寻找这一过程，以证明迷你黑洞的存在。

右图 黑洞可能的样子。引力透镜效应（gravitational lensing）使得黑洞背面的吸积盘在其上方和下方出现。

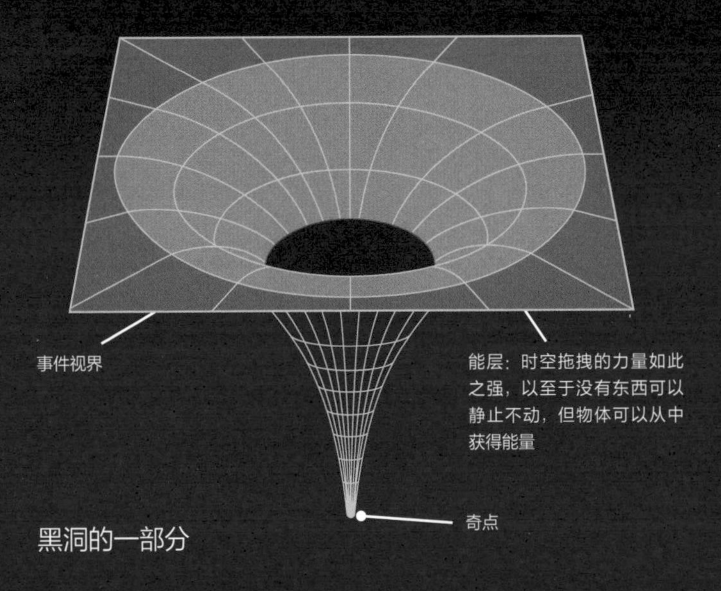

黑洞的一部分

引力对时间的影响

广义相对论指出引力场是时空的形状，因此引力也会对时间产生影响；物体的质量越大，其引力场就越强，时间也会因此受到影响而变得更慢。1960 年，罗伯特·庞德（Robert Pound）与格伦·雷布卡（Glen Rebka）通过一项著名的实验证实了地球引力可以让时间变慢。他们在一座塔的顶部和底部分别放置了放射性原子，经过测量发现不同位置的原子所发出的光的频率存在细微的差别。

我们所在的海拔越高，受到的地球引力越弱，时间也因此走得越快。同理，如果你的手表慢了，那就把它举过头顶，由于受到的引力减弱，它就会走得快起来。（虽然在这种情况下，引力的改变对手表的影响微乎其微。）

引力对 GPS（全球定位系统）卫星上的时间影响也是通常要考虑的问题。卫星与地面之间的时间的流逝速度会有区别，如果不进行校正，我们就无法像我们已经习惯的那样，用智能手机和卫星导航系统将定位精确到几米的范围以内。如果无视引力对时间的影响，那么卫星每天定位的误差都会超过 10 千米。

在引力非常强的地方（比如靠近黑洞的位置）时空会发生严重扭曲，时间也会变得很慢。这意味着环绕黑洞飞行可以让你“穿越”到未来，因为这里的时间流逝得比地球慢，回到地球后你会发现原本跟你同岁甚至比你年轻的人都变得比你年长许多。

07 12

地球重力场

我们所在的星球并不是一个完美的球体，它的质量也不是均匀分布的。这意味着地表周围的重力场并不规则。通过从太空中测量这些重力异常现象，科学家便可以研究整个地球的质量分布以及质量随时间的变化情况。这些数据对于研究地球上的地质、海洋、气候至关重要，而且还可以协助跟踪地球内部的岩浆流动、洋流循环、极地冰盖厚度的变化情况，从而找到海平面上升的原因。

重力回溯及气候实验（Gravity Recovery and Climate Experiment，简称 GRACE）是一项监测地球的卫星任务：两颗相同的卫星相距约 220 千米，在绕地飞行过程中利用微波测距系统可以准确测量出二者之间的距离变化。这一测距系统的灵敏度极高，能探测到只有人类发丝十分之一的距离变化。这两颗卫星每天绕地球 15 圈来探测地球重力的微弱变化，同时地球重力的变化也会改变它们各自的速度（小幅度加速或减速），二者之间的距离也会相应随时发生改变。通过监测距离的变化并结合 GPS 数据，可以得出一幅详尽且凹凸不平的全球重力场分布图。

然而并不是只有地球自身的重力场会影响地球，还有月球和太阳的引力以及地球的自转。正是这些因素的共同作用才产生了潮汐——地球上海水周期性的涨落。

引力与太阳系

引力塑造了宇宙中的一切。物质在其作用下聚集在一起，逐渐形成了所有的星系和恒星。大约46亿年前，太阳诞生于巨大的由氢和氦组成的分子云，附近超新星爆发所抛出的重元素也很重要。与太阳系中所有其他的行星一样，地球是由环绕早期太阳的残余物质形成的。

主流的假说认为月球是一颗火星大小的天体撞击地球的产物。人们将该天体命名为忒伊亚（Theia）——希腊神话中月亮女神塞勒涅（Selene）的母亲。这次撞击导致气化的地壳碎块飞溅到太空中，最终结合到一起从而形成了月球。后来，这一月球起源说进一步发展为：有多个天体撞击地球，碰撞产生的碎片久而久之便结合到一起形成了月球。

50亿年后，太阳将膨胀为红巨星。它的内核会收缩，温度会升高，而外层却不断向外膨胀，直到把水星吞噬。红巨星届时将布满半边天空，比现在的太阳更热、更亮。再过10亿年，红巨星的外层脱落后会形成环形的气云，又称行星状星云，其中心是消耗殆尽的内核——白矮星，大小相当于地球，主要由结晶碳和结晶氧构成。那时，地球上所有活着的生物为了生存只能去其他恒星系中找寻新的家园。

引力透镜效应

广义相对论预测，太阳的引力会弯曲在其背后的遥远恒星的光路，于是天体物理学家亚瑟·爱丁顿（Arthur Eddington）便在1919年的日全食期间完成了证实工作。

他率领探险队深入亚马孙丛林，在那里观测到日全食期间太阳附近的星星的位置（受到太阳引力影响）与它们在夜空中的位置（没有太阳引力影响）相比似乎略有偏移。

这种太阳引力的作用其实属于较为常见的引力透镜效应，该效应能够让光弯曲或聚焦，与光学透镜的作用类似。只是在该案例中改变光路的透镜变成了时空本身的形状，因此观测到的星星位置才会发生偏移。

1979年，科学家在90亿光年外发现了一个类星体（quasar，距地球十分遥远且亮度高，是一类活跃星系核）的不同寻常之处，此举也标志着人类首次观测到了引力透镜效应。在这个类星体的正前方有一个距离地球较近的星系，该星系周围的扭曲时空把类星体发出的光分成了两条路径，因此看上去该类星体呈现出的是双像。

如今，引力透镜效应在天文学领域中极具应用价值。它让我们懂得了物质在宇宙中的分布方式、星系的结构和特点以及暗物质在引力方面的特性。不仅如此，引力透镜效应还引发了许多有趣的天文学现象，比如所谓的爱因斯坦环、银河系内的微引力透镜效应和巨大的引力透镜光弧等。

引力波

广义相对论预测了物质不仅可以弯曲时空，还会在受到干扰时引起时空振动并产生波。这种波的速度为光速，以受干扰的物质为波源向四面八方传播，挤压和拉伸其穿过的时空。这一预测用了100年的时间才得以证实。

10多亿年前，一个遥远星系中的两个黑洞彼此环绕得越来越近，最终发生了剧烈的碰撞并结合在一起。在最后的一刹那，碰撞所产生的时空振动以引力波的形式席卷宇宙，最终于2015年9月14日的早晨经过地球并被欢欣鼓舞的科学家们捕获。

位于美国的LIGO（Laser Interferometer Gravitational-Wave Observatory，激光干涉引力波天文台）由两台相同的干涉仪组成，曾经探测到了引力波信号。每台干涉仪都呈巨大的L形结构，激光束在其内部沿着两条4千米长的干涉臂前行；引力波会让激光束的长度暂时出现微小的变化，而LIGO可以极为精确地将其发现。

2017年，科学家在地球上捕捉到了两颗中子星合并所产生的引力波。这一威力极强的合并事件又被称为千新星（kilonova），距地球1.3亿光年，算得上是有史以来最重要的天体物理事件之一。

在发现引力波之前，天文学家只能通过捕获宇宙中的光来研究宇宙。但随着引力波探测技术的出现，天文学研究也迈向了一个新的纪元。

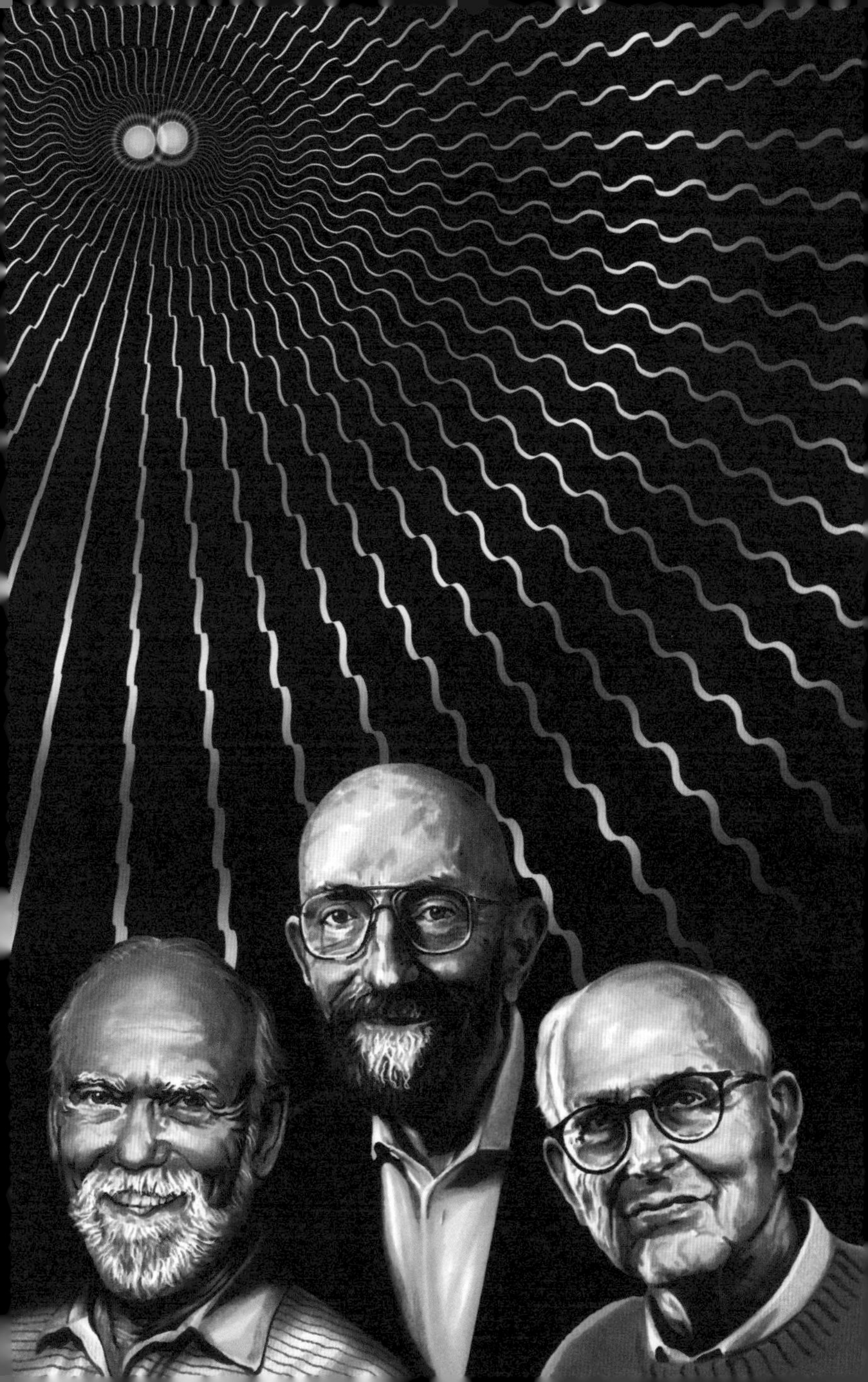

暗物质

1933 年，瑞士天体物理学家弗里茨·兹威基（Fritz Zwicky）对彗发座星系团外部边缘星系的运动做了研究。结果发现，整个星系团在运动时要想维系在一起，仅依靠其可见物质的引力是不够的，于是他估算出整个星系团中的物质总量必须是原可见物质质量的 400 倍（后被证实估算过高）。由此，他把那些看不见的物质称为“暗物质”。

20 世纪 70 年代，薇拉·鲁宾（Vera Rubin）进一步证实了暗物质的存在。她发现由于星系旋臂的旋转速度非常快，只靠可见星系成分（恒星、星际尘埃、气体等）的引力根本无法将其维系在一起。据她估计，大多数的星系要想维持正常的运动，其暗物质总量必须是可见物质的 6 倍左右。

在过去的 40 年里，人们一直在研究暗物质的构成。但直到本书撰写之时，它仍是天文学的一个未解之谜。那么我们目前对暗物质的了解到底有多少呢？众所周知，暗物质并不是由原子或组成原子的粒子构成的，否则它会感受到电磁力从而发射和吸收光。因此，暗物质被认为由一种尚未发现的物质构成，该物质仅通过引力与可见物质相互作用。

尽管大多数天文学家都认为暗物质确实存在，但我们现在仍然不知道它到底是什么，这一现状着实让人有点灰心。

SPIRAL

暗能量

1927 年，比利时神父、理论物理学家乔治·勒梅特（Georges Lemaître）根据广义相对论的计算预测了宇宙的膨胀，这一结果随后被埃德温·哈勃的观察证实。

但那时宇宙学家所要解决的问题是宇宙会一直膨胀下去，还是由于宇宙万物的引力使得宇宙自身发生坍缩，膨胀停止甚至转为收缩。这一切都取决于宇宙所包含的质量。

1998 年，天文学家研究了从由于宇宙膨胀而逐渐远离地球的遥远星系发出的光。天文学家通过测量其速度惊奇地发现：从各星系到地球的距离判断，光的飞离速度要慢于其预期的速度。由于光从这些星系发出时宇宙比现在“年轻”得多，因此从其慢于预期的飞离速度可以看出宇宙过去的膨胀速度较慢。这也就意味着宇宙目前的膨胀速度更快。所以并不是引力“踩了宇宙膨胀的刹车”，而是别的东西让其加速膨胀。

唯一合理的假设是，一直有某种神秘的斥力更快地将引力抵消并拉伸空间，所以宇宙才会加速膨胀。由于没有更加贴切的名字，它只好被称作“暗能量”，但千万不要把它和暗物质混为一谈。目前的研究结果表明，这种暗能量最终会在数十亿年后导致所谓的宇宙热寂。

热 寂

暗能量

一种神秘的

斥力

导致宇宙膨胀

虫洞

广义相对论预测黑洞中心的奇点是一个大小为零的点，这让爱因斯坦困惑不已。因此他与其搭档纳森·罗森（Nathan Rosen）通过数学计算得出了一个结论：黑洞内部可能没有奇点，取而代之的是通往平行宇宙的“桥梁”。

然而众所周知，这样的“爱因斯坦–罗森桥”（Einstein-Rosen bridge）是不切实际的，根本就不可能通过它穿越到相邻的宇宙中，因为它很不稳定，而且即使能穿越，“桥”两端的黑洞都有事件视界，任何事物都无法从中挣脱出来。

20 世纪 50 年代中期，美国物理学家约翰·惠勒（John Wheeler）指出时空中的隧道可以弯曲从而创造出一条捷径，将我们宇宙中两个不同的区域连接起来（弯曲的时空就像咖啡杯的把手，而捷径就是连接把手两端的直线），于是他把这样的捷径命名为“虫洞”。后来，人们又设想了一种稳定的、可穿越的虫洞，其两端不存在事件视界。

20 世纪 80 年代后期有人指出，如果虫洞确实存在，那么可以用来进行时间旅行，因为其两端不仅连接着不同的空间区域，还连接着两个不同的时间。但是如果你要在这种情况下穿越虫洞，就会有一个奇怪的可能——你还没进入虫洞就已经从另一端出来了，换句话说，虫洞的两端将会各有一个你。

最近出现了一个十分新颖的观点，那就是一对距离超远的纠缠粒子或许是通过量子尺度上的微型虫洞进行关联的。这样，科学家又把虫洞和量子纠缠联系在了一起。

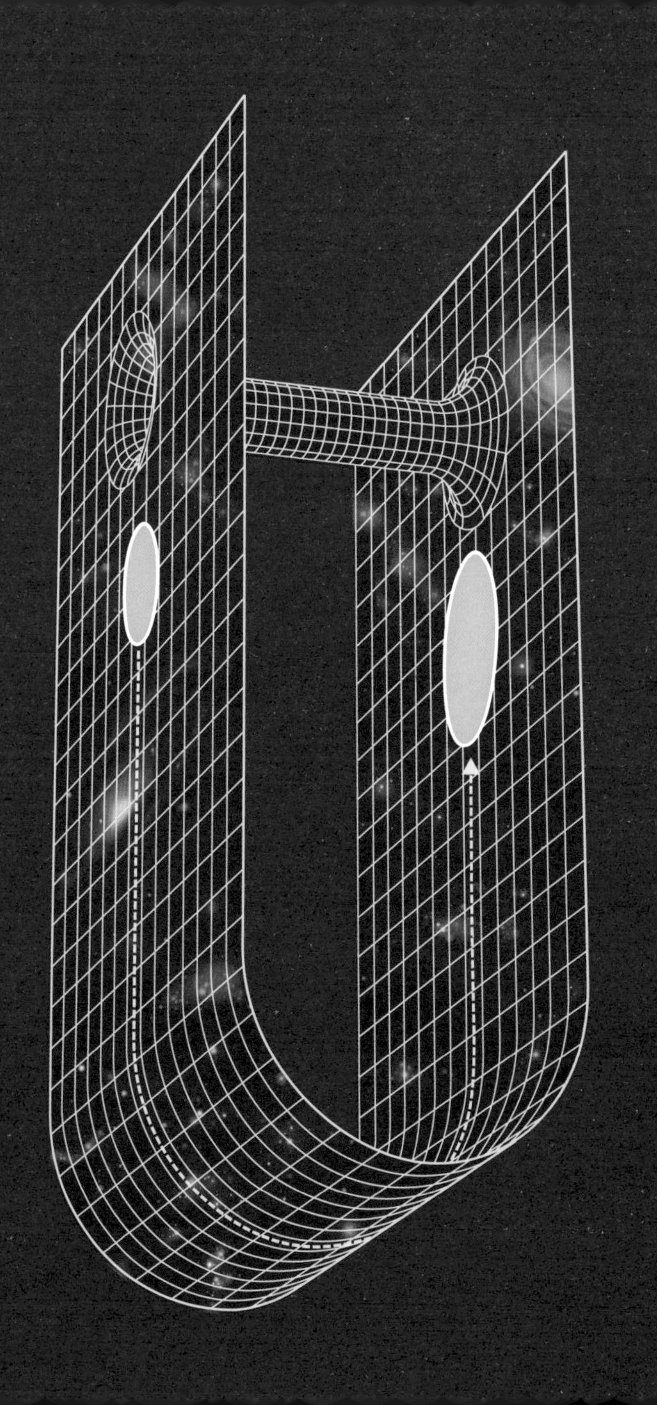

量子引力

当今科学领域的最大挑战之一是如何统一 20 世纪物理学的两大支柱：广义相对论和量子力学。广义相对论所描述的时空是连续且无限可分的，而量子力学则通过基本粒子及其相互作用来描述物质，其特性就是分离和随机。它们虽然都成功地勾勒出了真实的世界，但却互不相容。将二者统一为包罗万象的“量子引力理论”是许多物理学家努力追求的目标。

目前有两个主要的理论可望成为量子引力理论，从而将广义相对论与量子力学整合到一起，弦理论就是其中之一。该理论主要研究时空中物质的量子力学性质，其基本观点认为所有的基本粒子实际上都是微小的振动弦，而且宇宙中存在若干紧密弯曲的高维时空，但它们目前都无法被探测到。尽管科学家们在近半个世纪的时间里耗费了大量的心血进行理论研究，但是弦理论仍未能完成。

另一种理论称为圈量子引力论。它从广义相对论出发，认为时空本身——而不是时空中的物质——才是更为基本的概念。把时空量子化意味着宇宙中存在无法再分的最小长度和最短时间，而圈量子引力论中的“圈”则指的是封闭的几何路径，这种路径可以关联空间中相邻的量子。正是这些圈的特性决定了时空的形状。

时间会证明弦理论和圈量子引力理论孰是孰非，也可能二者都被推翻，届时就需要有一个全新的理论来统一爱因斯坦的广义相对论与量子力学。

21世纪物理学

引力为何如此微弱？

尽管引力在塑造宏观宇宙方面发挥着主导作用，但它目前却是自然界四力——引力、电磁力、强核力、弱核力——中最微弱的一个。那么要想把全部的四种力都纳入一个“万有理论”中，我们必须得清楚引力为何如此微弱。

虽然听上去有些奇怪，但引力之所以微弱可能是由于一部分引力渗入了其他维度，而这些维度高于我们所处的四维时空，所以在我们的维度，引力要弱于其他力。确实，我们所在的宇宙很可能只是众多宇宙之一，就像每一个漂浮在高维空间中的宇宙泡泡，而高维空间也就是所谓的多元宇宙（multiverse）。

某天，人类很可能会找到证明其他维度存在的实验证据。如果这些维度确实存在，那么或许可以帮助我们解开许多复杂深奥的难题：我们的宇宙最初是如何形成的？为什么它的物理特性能如此恰到好处地让恒星、行星、原子、分子甚至生命本身和谐共存？

某些理论家认为，引力子（graviton）——假想的粒子——与引力场的关系就像光子与电磁场的关系一样，只不过引力子传递的是引力，而光子传递的则是电磁力。根据这一推论，虽然其他三种基本力一直被限制在了我们所处的四维时空当中，但引力却可以自由地在多元宇宙中穿梭，因此引力子会从我们的宇宙中流失，我们所感受到的引力强度也随之减弱。

如你所见，在我们完全认识引力之前还有许多难题等待解决，希望本书可以给你一些启发，让你从不同的角度去感受并了解引力。

CREATE YOUR
OWN
MULTI-
VERSE!
GRAVITON

扩展阅读

Jim Al-Khalili, *Black Holes Wormholes and Time Machines* (Taylor & Francis, 1999).

Jim Baggott, *Mass The Quest to Understand Matter from Greek Atoms to Quantum Fields* (Oxford University Press, 2017).

Bill Bryson, *A Short History of Nearly Everything* (Transworld, 2003).

Marcus Chown, *Big Bang: A Ladybird Expert Book: Discover How the Universe Began* (Michael Joseph, 2018).

Marcus Chown, *The Ascent of Gravity: The Quest to Understand the Force that Explains Everything* (Weidenfeld & Nicolson, 2017).

Timothy Clifton, *Gravity A Very Short Introduction* (Oxford University Press, 2017).

Neil Degrasse Tyson, *Astrophysics for People in a Hurry* (W. W. Norton & Company, 2017).

Albert Einstein, *Relativity: The Special and General Theory* (Project Gutenberg).

Brian Greene, *The Elegant Universe: Superstrings, Hidden Dimensions and the Quest for the Ultimate Theory* (Vintage, 2000).

Lisa Randall, *Dark Matter and the Dinosaurs: The Astounding Interconnectedness of the Universe* (Ecco Press, 2015).

Govert Schilling, *Ripples in Spacetime: Einstein, Gravitational Waves, and the Future of Astronomy* (Harvard University Press, 2017).

Simon Singh, *Big Bang* (Harper Collins, 2004).